LAS NUEVAS LEYES
DE LA FÍSICA

La resolución de los principales problemas
de la Física teórica en base a un concepto único,
el de carga

Charlemagne Olivier Vernet

Ibukku es una editorial de autopublicación. El contenido de esta obra es responsabilidad del autor y no refleja necesariamente las opiniones de la casa editora.

Publicado por Ibukku
www.ibukku.com
Diseño y maquetación: Índigo Estudio Gráfico
Copyright © 2018 Charlemagne Olivier Vernet
ISBN Paperback: 978-1-64086-215-9
ISBN eBook: 978-1-64086-216-6
Library of Congress Control Number: 2018951620

ÍNDICE

Hagamos votos para que la tecnología resultante de la nueva teoría contribuya a mejorar la calidad de vida en el planeta.

AGRADECIMIENTOS

E l autor agradece de antemano a los laboratorios internacionales que sabrán verificar experimentalmente las predicciones de la nueva teoría, a los físicos teóricos que se servirán de ella para explicar con coherencia las interacciones fundamentales, y a los astrofísicos que recurrirán a la ley de la gravedad cuántica, formulada en este libro, para describir con precisión las orbitas planetarias.

PREFACIO

En esta obra, fenómenos aparentemente tan distintos como el electromagnetismo, los acoplamientos débiles, los acoplamientos fuertes, la gravedad cuántica y la super fuerza, así como la constante velocidad de la luz y la constante cosmológica son descritos de manera coherente a través de un concepto único, el de carga. De hecho, según la nueva propuesta, los 5 primeros son transportados por partículas mensajeras eléctricamente cargadas que interactúan con masas también eléctricamente cargadas, provocando atracciones, repulsiones, desintegraciones y transformaciones mientras los 2 últimos constituyen ellos también interacciones fundamentales que son mediadas, no por bosones, sino por cargas mensajeras que les permiten, en el caso de la constante velocidad de la luz, convertir las masas en energía en forma de rayos gamma y, en el caso de la constante cosmológica, impulsar el espacio tiempo de 4 dimensiones para generar un Universo en expansión.

Los diversos planteamientos son realizados con consistencia matemática y en concordancia con los principios de simetría, es decir, respetando las leyes de conservación; además, cuentan con sólido respaldo experimental.

PRIMER CAPÍTULO
El concepto de carga

¿Por qué, si en el fondo las 4 interacciones fundamentales de la Física son manifestaciones distintas de un mismo fenómeno, son descritas actualmente mediante diferentes conceptos? Sin duda, semejante hecho indica que las diversas teorías, aun cuando son correctas, constituyen aproximaciones de una realidad mucho más profunda y en consecuencia no son capaces de resolver problemas tales como los cálculos de acoplamientos fuertes, la cuantización de la gravedad, la unificación de las 4 interacciones fundamentales en una super fuerza, el comportamiento de los componentes básicos de la materia y el momento del Big Bang.

A fin de explicar con coherencia la profunda realidad, es indispensable una teoría no aproximativa sino fundamental que, en base a un concepto único, describa las diversas manifestaciones de las fuerzas fundamentales. En el horizonte se asoma la Teoría fundamental de cargas encargada de cumplir tan difícil tarea. Según esa propuesta, ninguna partícula es eléctricamente neutra sino que cada una posee determinada carga eléctrica que puede ser de categoría 1, 2, 3 o 4. La Física actual solamente toma en cuenta la carga eléctrica de categoría 2 transportada por partículas como el electrón y el protón, ignorando la de categoría 1 correspondiente al neutrino y al neutrón, la de categoría 3 relacionada con la partícula mensajera de los acoplamientos fuertes, el gluon, y la de categoría 4 perteneciente a los fotones reales de altas energías como la luz ultravioleta, los rayos gamma y los rayos X. Tales omisiones impiden que la comunidad científica caiga en cuenta que cada una de las interacciones fundamentales guarda relación con alguna de las 4 categorías de carga eléctrica, lo cual significa que un concepto único, el de carga, es capaz de explicar con consistencia matemática y en arreglo a los principios de simetría las diversas manifestaciones de las fuerzas fundamentales.

Las 4 categorías de carga eléctrica

Las siguientes ecuaciones proponen la equivalencia entre un monopolo magnético (representado por la letra D en honor a Dirac que sugirió su existencia) y una carga eléctrica de categoría 1; entre un dipolo magnético y una carga eléctrica de categoría 2; entre un dion(carga electromagnética) y una carga eléctrica de categoría 3; y entre un fotón real de altas energías(luz ultravioleta, rayos gamma y rayos X) y una carga eléctrica de categoría 4, subrayando que el valor -1 incluido en cada una de las fórmulas es una constante(la constante -1), que al multiplicarse por un monopolo magnético, lo convierte en una carga eléctrica de categoría 1 y viceversa.

$$e = -D \times -1 \tag{1}$$

donde e es una carga eléctrica positiva de categoría 1, y -D, una carga magnética negativa.

$$e^2 = (-D \times -1)^2 \tag{2}$$

donde e^2 es una carga eléctrica positiva de categoría 2, y $(-D \times -1)^2$, un dipolo magnético.

$$-e^3 = (-D \times -1)(-e^2) \tag{3}$$

donde $-e^3$ es una carga eléctrica negativa de categoría 3, y $(-D \times -1)(-e^2)$, un dion (carga electromagnética).

$$e^4 = (-D \times -1)(e^3) \tag{4}$$

donde e^4 es una carga eléctrica positiva de categoría 4, y $(-D \times -1)(e^3)$, un fotón real de altas energías.

Al lector le podría parecer raro que se hable de una carga magnética negativa y por ende de una carga magnética positiva, en lugar de un polo norte y de un polo sur. Sin embargo, como se podrá observar más adelante, semejante noción constituye la clave para explicar con consistencia matemática y total respeto a las leyes de conservación muchos enigmas de la Física teórica.

Las ecuaciones (1-4) sugieren la existencia de 4 categorías de carga eléctrica, cada una de ellas siendo transportada por alguna partícula, bien sea fermión (partícula de spin semi-entero) o bosón (partícula de spin entero).

Los componentes básicos de la materia

En el sexto capítulo, se demostrará teóricamente que, a altas energías, dentro de un punto infinitamente denso, los 3 componentes atómicos, el electrón, el protón y el neutrón, decaen mediante los acoplamientos débiles, generando 6 leptones fundamentales: el neutrino, el antineutrino, el electrón levógiro, el positrón levógiro, el electrón dextrógiro y el positrón dextrógiro, los cuales, según la Teoría fundamental de cargas, constituyen los componentes básicos de la materia, siendo capaces de combinarse para crear los quarks y las partículas mensajeras. Cada uno de dichos leptones posee 3 características esenciales: una carga magnética y/o eléctrica, spin +1/2 o -1/2 y una estrecha relación con determinado grupo de Lie, como se puede observar a continuación:

1. Neutrino	-D(-1)	e	spin+1/2	G2
2. Antineutrino	D(+1)	-e	spin+1/2	SU(3)
3. Electrón levógiro		$-e^2(-1)$	spin+1/2	SU(2)
4. Positrón levógiro		$e^2(+1)$	spin+1/2	U(1)
5. Electrón dextrógiro		$-e^2(-1)$	spin-1/2	F4
6. Positrón dextrógiro		$e^2(+1)$	spin-1/2	E6

En base a esas 3 características de los 6 leptones fundamentales y siempre teniendo como marco el mencionado punto infinitamente denso, será explicado seguidamente el origen no sólo del electromagnetismo, los acoplamientos débiles, los acoplamientos fuertes, la gravedad cuántica y la super fuerza sino también de la fuente de energía de donde se alimentan esas fuerzas: las fluctuaciones cuánticas del vacío, fenómeno conocido también como el principio de incertidumbre de Heisenberg, que consiste en que pares virtuales de partícula-antipartícula se crean y se destruyen sin cesar en el vacío.

Origen del electromagnetismo

El positrón levógiro U(1) es atraído por el electrón dextrógiro F4 para dar origen al electromagnetismo g':

$$g'=U(1) \times F4 \tag{5}$$

Origen de los acoplamientos débiles:

El positrón dextrógiro E6 es atraído por el electrón levógiro SU(2) para dar origen a los acoplamientos débiles g:

$$g=E6 \times SU(2) \tag{6}$$

Origen de los acoplamientos fuertes gs:

El neutrino G2 es atraído por el antineutrino SU(3) para dar origen a los acoplamientos fuertes gs:

$$gs=G2 \times SU(3) \tag{7}$$

Origen de la gravedad cuántica:

El electromagnetismo U(1) X F4 es atraído por los acoplamientos débiles E6 X SU(2) para dar origen a la gravedad cuántica SU(4):

$$SU(4)=(U(1) \times F4)(E6 \times SU(2)) \tag{8}$$

14

Origen de la super fuerza:

El electromagnetismo U(1) X F4 es atraído por los acoplamientos fuertes G2 X SU(3) para dar origen a la super fuerza SU(5):

$$SU(5)=(U(1) \ X \ F4) \ (G2 \ X \ SU(3)) \tag{9}$$

Origen de las fluctuaciones cuánticas del vacío:

El electromagnetismo U(1) X F4, los acoplamientos débiles E6 X SU(2) y los acoplamientos fuertes G2 X SU(3) se atraen mutuamente para dar origen a las fluctuaciones cuánticas del vacío SU(6):

$$SU(6)=(U(1) \ X \ F4) \ (E6 \ X \ SU(2)) \ (G2 \ X \ SU(3))=[(e^2$$
$$X \ -e^2) \ (e^2 \ X \ -e^2)] \ X \ (-D \ X \ D)=[(+1 \ X \ -1) \ (+1 \ X \ -1)]$$
$$X \ (-1 \ X \ +1)=[- \ 1 \ X \ -1] \ X \ -1 \ \ X \ la \ constante \ -1 \ =+1 \ X$$
$$+1=e^2 \ X \ e= e^3 \tag{10}$$

Según la ecuación (10), 3 pares virtuales de partícula-antipartícula (precisamente los componentes de las 3 simetrías internas) se crean y se destruyen sin cesar en el vacío para posibilitar el funcionamiento de las interacciones fundamentales; asimismo, el resultado obtenido, la carga e^3, va a permitir que más adelante, mediante una gran unificación, obtengamos una partícula llamada masa infinitamente densa, que según la Teoría fundamental de cargas, representa el quinto estado o la quinta fase de la materia y juega un rol clave en el preciso instante del Big Bang.

Las ecuaciones (5-10) explican el origen de 6 entidades fundamentales: el electromagnetismo, los acoplamientos débiles, los acoplamientos fuertes, la gravedad cuántica, la super fuerza y las fluctuaciones cuánticas del vacío.

SEGUNDO CAPÍTULO
El comportamiento de los componentes básicos de la materia

Utilizando como guía la consistencia matemática y el respeto a las leyes de conservación, será explicado cómo los 6 leptones fundamentales, que según la ecuación (10) son los componentes de las fluctuaciones cuánticas del vacío, se combinan mediante la simetría de la carga para, en primer lugar, crearse unos a otros, luego generar los quarks y finalmente dar lugar a las partículas mensajeras.

Comportamiento de los 6 leptones fundamentales

Neutrino = $\dfrac{\text{Antineutrino -e X carga eléctrica negativa de categoría 2 -e}^2}{\text{Carga eléctrica positiva de categoría 2 e}^2}$

$$= \frac{-e \; X \; -e^2}{e^2} = e \tag{11}$$

Spin +1/2 del neutrino = Spin +1/2 del antineutrino $\qquad$ (12)

Antineutrino = $\dfrac{\text{Neutrino e X carga eléctrica positiva de categoría 2 e}^2}{\text{Carga eléctrica negativa de categoría 2 -e}^2}$

$$= \frac{e \; X \; e^2}{-e^2} = -e \tag{13}$$

Spin +1/2 del antineutrino=Spin +1/2 del neutrino $\qquad$ (14)

Electrón levógiro = $\dfrac{\text{neutrino -D X carga eléctrica negativa de Categoría 2 -e}^2}{\text{Carga magnética positiva D}}$

$$\frac{= -D \ X \ -e^2}{D}$$

$$\frac{= -\cancel{D} \ X \ -e^2}{\cancel{D}} = -e^2 \tag{15}$$

Spin +1/2 del electrón levógiro=Spin + 1/2 del neutrino (16)

Positrón levógiro = Antineutrino D X carga eléctrica positiva de categoría 2 e²

Carga magnética negativa -D

$$\frac{= D \ X \ e^2}{-D}$$

$$\frac{= \cancel{D} \ X \ e^2}{-\cancel{D}} = e^2 \tag{17}$$

Spin+1/2 del positrón levógiro=Spin +1/2 del antineutrino (18)

Electrón dextrógiro= Positrón dextrógiro e2 X carga eléctrica positiva de categoría 2 e²

Carga eléctrica negativa de categoría 2 -e²

$$\frac{=e^2 \ X \ e^2}{-e^2} = -e^2 \tag{19}$$

Spin -1/2 del electrón dextrógiro=Spin -1/2 del positrón (20) dextrógiro

Positrón dextrógiro= Electrón dextrógiro -e² X carga eléctrica negativa de categoría 2 -e²

Carga eléctrica positiva de categoría 2 e²

$$\frac{= -e^2 \text{ X } -e^2}{e^2} = e^2 \qquad (21)$$

Spin -1/2 del positrón dextrógiro=Spin -1/2 del electrón   (22)
dextrógiro

Los 6 leptones fundamentales y sus números cuánticos	Carga magnética	Carga eléctrica	Spin
Neutrino	-D (-1)	e	+1/2
Antineutrino	D (+1)	-e	+1/2
Electrón levógiro	0	$-e^2$ (-1)	+1/2
Positrón levógiro	0	e^2 (+1)	+1/2
Electrón dextrógiro	0	$-e^2$ (-1)	-1/2
Positrón dextrógiro	0	e^2 (+1)	-1/2

Comportamiento de los quarks

Los 3 sabores pesados t c b

$$t = \frac{\text{Electrón dextrógiro } -e^2 \text{ X electrón levógiro } -e^2}{\text{Positrón dextrógiro } e^2}$$

$$\frac{= -e^2 \text{ X } -e^2}{e^2} = e^2 \text{ (+1)} \qquad (23)$$

Spin -1/2 de t=Spin -1/2 del electrón dextrógiro + spin +1/2   (24)
del electrón levógiro + spin -1/2 del positrón dextrógiro

$$c = \frac{\text{Positrón dextrógiro } e^2 \text{ X antineutrino D}}{\text{neutrino -D}}$$

$$\frac{= e^2 \text{ X D}}{-D} = \frac{e^2 \text{ X Đ}}{- Đ} = e^2 \text{ (+1)} \qquad (25)$$

19

Spin +1/2 de c = Spin -1/2 del positrón dextrógiro (26)
+spin +1/2 del antineutrino + spin + 1/2 del neutrino

$$b = \frac{\text{Electrón dextrógiro } -e^2 \text{ X neutrino } -D}{\text{Antineutrino D}}$$

$$= \frac{-e^2 \text{ X } -D}{D} = \frac{-e^2 \text{ X } -\cancel{D}}{\cancel{D}} = e^2 (-1) \tag{27}$$

Spin + 1/2 de b=Spin -1/2 del electrón dextrógiro + spin (28)
+1/2 del neutrino + spin + 1/2 del antineutrino

Los 3 sabores livianos u d s

$$u = \frac{\text{Neutrino-D X electrón dextrógiro } -e^2}{\text{Positrón dextrógiro } e^2}$$

$$= \frac{-D \text{ X } -e^2}{e^2} = \frac{-D \text{ X } -\cancel{e^2}}{\cancel{e^2}} = -D (-1) \tag{29}$$

Spin -1/2 de u= Spin +1/2 del neutrino + spin -1/2 del (30)
electrón dextrógiro + spin -1/2 del positrón dextrógiro

$$d = \frac{\text{Antineutrino D X positrón dextrógiro } e^2}{\text{Electrón levógiro } -e^2}$$

$$= \frac{D \text{ X } e^2}{-e^2} = \frac{D \text{ X } \cancel{e^2}}{-\cancel{e^2}} = D (+1) \tag{31}$$

Spin +1/2 de d=Spin +1/2 del antineutrino + spin -1/2 del (32)
positrón dextrógiro + spin +1/2 del electrón levógiro

$$s = \frac{\text{Antineutrino D X positrón levógiro } e^2}{\text{Electrón dextrógiro } -e^2}$$

$$= \frac{D \text{ X } e^2}{-e^2} = \frac{D \text{ X } \cancel{e^2}}{-\cancel{e^2}} = D (+1) \tag{33}$$

Spin +1/2 de s=Spin+1/2 del antineutrino + spin+1/2 del (34)
positrón levógiro + spin -1/2 del electrón dextrógiro

En base a las ecuaciones (23), (25), (27), (29), (31) Y (33), es posible calcular con consistencia matemática no solamente las cargas eléctricas fraccionarias de los 6 sabores sino también sus cargas magnéticas fraccionarias. Durante el cálculo de las cargas eléctricas fraccionarias de los quarks, hay que considerar el factor carga magnética mientras al determinar sus cargas magnéticas fraccionarias, hay que tomar en cuenta el factor carga eléctrica.

Cálculo de las cargas eléctricas fraccionarias de los 6 sabores

Los 3 sabores pesados t c b

Carga eléctrica de t=+1(ecuación (23))

Carga eléctrica de c=+1(ecuación (25))

Carga eléctrica de b=-1(ecuación (27))

Según las ecuaciones (23), (25) Y (27), t c b posee en total 0 carga magnética. Por lo tanto, sus respectivas cargas eléctricas se suman con fracciones que totalizan 0: - 1/3 + (-1/3) + 2/3.

Carga eléctrica fraccionaria de t=+1 + (-1/3) =2/3   (35)

Carga eléctrica fraccionaria de c=+1 +(-1/3) =2/3   (36)

Carga eléctrica fraccionaria de b= -1 + 2/3= -1/3   (37)

Los 3 sabores livianos u d s

Carga magnética de u=-1(ecuación (29))

Carga magnética de d=+1(ecuación (31))

Carga magnética de s=+1(ecuación (33))

Según las ecuaciones (29), (31) y (33), las cargas magnéticas de u d s son respectivamente -1, +1 y +1, que, al multiplicarse, dan como resultado -1. Por lo tanto, dichas cargas se suman con fracciones que totalizan -1: 1/3 + (-2/3) + (-2/3) y, por tratarse de cargas magnéticas que se convierten en cargas eléctricas fraccionarias, cada resultado obtenido se multiplica por la constante -1.

Carga eléctrica fraccionaria de u=-1 + 1/3=-2/3 X la
constante -1=2/3 (38)

Carga eléctrica fraccionaria de d=+1 +(-2/3) =1/3 X la
constante -1=-1/3 (39)

Carga eléctrica fraccionaria de s=+1 +(-2/3) =1/3 x la
constante -1=-1/3 (40)

Cálculo de las cargas magnéticas fraccionarias de los 6 sabores

Los 3 sabores pesados t c b

Según las ecuaciones (23), (25) y (27), las cargas eléctricas de t c b son respectivamente +1, +1 y -1, que, al multiplicarse, dan como resultado -1. Por lo tanto, dichas cargas se suman con fracciones que totalizan -1: -2/3 + (-2/3) + 1/3 y, por tratarse de cargas eléctricas que se convierten en cargas magnéticas fraccionarias, cada resultado obtenido se multiplica por la constante -1.

Carga magnética fraccionaria de t=+1 +(-2/3) =1/3 X la
constante -1=-1/3   (41)

Carga magnética fraccionaria de c=+1 + (-2/3) =1/3 X la
constante -1=-1/3   (42)

Carga magnética fraccionaria de b=-1 + 1/3=-2/3 X la
constante -1=2/3   (43)

Los 3 sabores livianos u d s

Según las ecuaciones (29), (31) y (33), u d s posee en total
0 carga eléctrica. Por lo tanto, sus respectivas cargas magnéticas se suman con fracciones que totalizan 0: 2/3 + (-1/3)
+ (-1/3).

Carga magnética fraccionaria de u=-1 + 2/3=-1/3   (44)

Carga magnética fraccionaria de d=+1 +(-1/3) =2/3   (45)

Carga magnética fraccionaria de s=+1 +(-1/3) =2/3   (46)

Los 6 sabores y sus números cuánticos	Carga magnética fraccionaria	Carga eléctrica fraccionaria	Spin
t	-1/3	2/3	-1/2
c	-1/3	2/3	+1/2
b	2/3	-1/3	+1/2
u	-1/3	2/3	-1/2
d	2/3	-1/3	+1/2
s	2/3	-1/3	+1/2

Gracias a los cálculos que vienen de realizarse, es posible
explicar con consistencia matemática y total respeto a las
leyes de conservación el comportamiento de los 2 bariones
fundamentales, el protón y el neutrón.

Comportamiento del protón

3 componentes: uud

Carga eléctrica del protón=2/3+ 2/3 + (-1/3) =3/3=+1=e^2 (47)

Carga magnética del protón=-1/3+ (-1/3) + 2/3=0   (48)

Spin -1/2 del protón=Spin -1/2 de u + spin -1/2 de u + spin (49)
+1/2 de d

Comportamiento del neutrón

3 componentes: udd

Carga eléctrica del neutrón=2/3 + (-1/3) + (-1/3)=0   (50)

Carga magnética del neutrón=-1/3 + 2/3 + 2/3=3/3=+1 X   (51)
la constante -1=-1=-e

Obsérvese que mientras la ecuación (50) sugiere que el neutrón posee 0 carga eléctrica de categoría 2, la fórmula (51) propone para él una carga eléctrica negativa de categoría 1, lo que, como apreciaremos más adelante, acarrea serias consecuencias a nivel tanto teórico como experimental.

Spin +1/2 del neutrón=Spin -1/2 de u +spin +1/2 de d +   (52)
spin +1/2 de d

Los 2 bariones fundamentales y sus números cuánticos	Carga magnética	Carga eléctrica	Spin
Protón	0	e^2 (+1)	-1/2
Neutrón	D (+1)	-e	+1/2

En base a los planteamientos anteriores, va a ser posible en el siguiente capítulo explicar con coherencia 2 grandes fenómenos dentro del núcleo atómico: los acoplamientos débiles, que propician la conversión del neutrón en protón y viceversa, así como los acoplamientos fuertes, que mantienen cohesionado dicho núcleo.

Comportamiento de las partículas mensajeras

Según la Teoría fundamental de cargas, el electromagnetismo, los acoplamientos débiles, los acoplamientos fuertes, la gravedad cuántica y la super fuerza funcionan mediante un total de 9 partículas mensajeras, las cuales son generadas desde el fenómeno llamado fluctuaciones cuánticas del vacío donde 3 pares virtuales de partícula-antipartícula (los 6 leptones fundamentales) se crean y se destruyen sin cesar.

9 partículas mensajeras:

Fotón virtual (electromagnetismo)

Partículas w⁻, w^+ y z, bosón de Higgs y bosón de Goldstone (acoplamientos débiles)

Gluon (acoplamientos fuertes)

Gravitón (gravedad cuántica)

Inflaton (super fuerza)

Comportamiento del fotón virtual

Fotón virtual = $\dfrac{\text{Electrón levógiro -e}^2 \text{ X positrón levógiro e}^2}{\text{Carga magnética negativa -D X carga magnética positiva}}$

$$= \frac{\text{-e}^2 \text{ X e}^2}{\text{-D X D}} = \frac{\text{-1 X +1}}{\text{-1 X +1}} = \frac{\text{-1}}{\text{-1 X la constante -1}} = \frac{\text{-1}}{\text{+1}}$$

$$= \frac{\text{-e}^2}{\text{e}} = \text{-e} \tag{53}$$

Spin +1 del fotón virtual=Spin +1/2 del electrón levógiro (54)
+ spin + 1/2 del positrón levógiro

Comportamiento de las partículas w⁻, w⁺ y z, el bosón de Higgs y el bosón de Goldstone

Partícula w⁻= $\dfrac{\text{Electrón levógiro -e}^2 \text{ X carga eléctrica positiva de categoría 2 e}^2}{\text{Positrón levógiro e}^2}$

$$= \frac{\text{-e}^2 \text{ X e}^2}{\text{e}^2} = \text{-e}^2 \tag{55}$$

Spin +1 de w⁻=Spin +1/2 del electrón levógiro +spin +1/2 (56)
del positrón levógiro

Partícula w⁺= $\dfrac{\text{Positrón dextrógiro e}^2 \text{ X carga eléctrica negativa de categoría 2 -e}^2}{\text{Electrón dextrógiro -e}^2}$

$$= \frac{\text{-e}^2 \text{ X -e}^2}{\text{-e}^2} = \text{e}^2 \tag{57}$$

26

Spin -1 de w^+=Spin -1/2 del positrón dextrógiro + spin -1/2   (58)
del electrón dextrógiro

Partícula z=   Electrón levógiro-e^2 X carga magnética
negativa -D

$$\overline{\qquad\qquad\text{Positrón dextrógiro } e^2 \qquad\qquad}$$

$$=\frac{-e^2 \text{ X -D}}{e^2} = \frac{-e^2 \text{ X -D}}{e^2} = \text{-D} = \text{-1 X la constante -1=+1=e} \qquad (59)$$

Spin 0 de z=Spin +1/2 del electrón levógiro + spin -1/2 del   (60)
positrón dextrógiro

Bosón de Higgs HB $= \dfrac{-w^+ \, e^2 \text{ X z e}}{w^- \text{-}e^2} = \dfrac{e^2 \text{ X e}}{\text{-}e^2} = \text{-e}$ (61)

Spin 0 de HB=Spin -1 de w^+ + spin 0 de z + spin +1 de w^- (62)

Siempre según la Teoría fundamental de cargas, a altas energías,
por ejemplo, dentro de un agujero negro, los acoplamientos débiles, mediante el bosón de Goldstone, propician el decaimiento de
los 3 componentes atómicos, el electrón, el protón y el neutrón,
generando una masa infinitamente densa, que no deja escapar la
luz visible del horizonte de sucesos, fenómeno que será explicado
en el sexto capítulo.

Bosón de Goldstone GB $= \dfrac{w^- \text{-}e^2 \text{ X } w^+ \, e^2}{\text{HB -e X z e}} = \dfrac{\text{-}e^2 \text{ X } e^2}{\text{-e X e}} = e^2$ (63)

Spin 0 de GB=Spin +1 de w^- + spin -1 de w^+ + spin 0 de   (64)
HB + spin 0 de z

Comportamiento del gluon

$$\text{Gluon} = \frac{\text{Electrón levógiro -e}^2 \text{ X carga eléctrica positiva de Categoría 2 e}^2}{\text{Antineutrino -e}}$$

$$= \frac{\text{-e}^2 \text{ X e}^2}{\text{-e}} = e^3 \tag{65}$$

Cabe subrayar que la carga eléctrica positiva de categoría 3 del gluon le posibilita cumplir acertadamente su función como partícula mensajera de los acoplamientos fuertes, como se podrá apreciar en el siguiente capítulo.

Spin +1 del gluon=Spin +1/2 del electrón levógiro +spin +1/2 del antineutrino $\qquad$ (66)

Comportamiento del gravitón

$$\text{Gravitón} = \frac{\text{Electrón levógiro -e}^2 \text{ X positrón levógiro e}^2}{\text{Neutrino -D X antineutrino D}}$$

$$= \frac{\text{-e}^2 \text{ X e}^2}{\text{-D X D}} = \frac{-1 \text{ X} +1}{-1 \text{ X} +1} = \frac{-1}{-1 \text{ X la constante } -1} = \frac{-1}{+1}$$

$$= \frac{\text{-e}^2}{e} = \text{-e} \tag{67}$$

spin +2 del gravitón=Spin +1/2 del electrón levógiro + spin +1/2 del positrón levógiro + spin +1/2 del neutrino + spin +1/2 del antineutrino $\qquad$ (68)

Comportamiento del inflaton

A energías relativamente altas, por ejemplo, dentro del núcleo solar, interviene la quinta interacción fundamental de la nueva Física, la super fuerza, la cual, a través de su partícula mensajera, el inflaton, convierte masas positivas en energía positiva en forma de luz ultravioleta.

Inflaton= (Electrón dextrógiro $-e^2$ X positrón levógiro e^2
X positrón dextrógiro e^2) (Antineutrino D)

$$= (-e^2 \text{ X } e^2 \text{ X } e^2) \text{ (D)} = (-1 \text{ X } +1 \text{ X } +1) \text{ } (+1) = (-1) \qquad (69)$$
$$(+1 \text{ X la constante } -1) = (-1) \text{ } (-1) = (-e^2) \text{ } (-e) = e^3$$

Spin 0 del inflaton=Spin -1/2 del electrón dextrógiro +   (70)
spin +1/2 del positrón levógiro + spin -1/2 del positrón
dextrógiro + spin + 1/2 del antineutrino

Las ecuaciones (11-70), que describen el comportamiento de los componentes básicos de la materia, respetan fielmente la consistencia matemática, así como las leyes de conservación de la carga y del momento angular, que, según la Teoría fundamental de cargas, constituyen las únicas simetrías exactas de la Naturaleza ya que no se rompen ni a altas ni a bajas energías. Pero además dichas ecuaciones reflejan un estricto orden que es el siguiente:

1.Cuando en la fórmula interviene un número par de partículas en presencia de un número par de cargas, la entidad descrita tiene masa 0 (ecuaciones (53), (63) y (67)).

2.Cuando en la fórmula interviene un número impar de partículas, la entidad descrita adquiere masa (ecuaciones (11), (13), (15), (17), (19), (21), (23), (25), (27), (29), (31), (33) y (61)).

3.Cuando en la fórmula interviene un número par de partículas en presencia de un número impar de cargas, la entidad descrita adquiere masa (ecuaciones (55), (57) y (59)).

4.Cuando la entidad descrita posee una carga eléctrica de categoría superior a 2, su masa es 0 independientemente de su composición (ecuaciones (65) y (69)).

Las 9 partículas mensajeras y sus números cuánticos	Interacción fundamental	Carga magnética	Carga eléctrica	Spin
Fotón virtual	Electromagnetismo	D (+1)	-e	+1
w^+	Acoplamientos débiles	0	e^2 (+1)	-1
w^-	Acoplamientos débiles	0	$-e^2$ (-1)	+1
z	Acoplamientos débiles	-D (-1)	e	0
Bosón de Higgs	Acoplamientos débiles	D (+1)	-e	0
Bosón de Goldstone	Acoplamientos débiles	0	e^2 (+1)	0
Gluon	Acoplamientos fuertes	0	e^3	+1
Gravitón	Gravedad cuántica	D (+1)	-e	+2
Inflaton	Super fuerza	0	e^3	0

TERCER CAPÍTULO
Las 3 simetrías internas

Descripción del electromagnetismo

Según la ecuación (53), la partícula mensajera del electromagnetismo, el fotón virtual, posee una carga eléctrica negativa de categoría 1, que le permite cumplir con su función mediadora.

Interacción entre el electrón levógiro $-e^2$ y el protón e^2 por medio del fotón virtual $-e$, generándose una carga atractiva e:

$$e= \frac{-e^2 X -e}{e^2} \qquad (71)$$

Según la ecuación (71), el fotón virtual, más que un campo mediador, constituye una carga mediadora que propicia la atracción entre los 2 fermiones.

Interacción entre 2 electrones levógiros $-e^2$ por medio del fotón virtual $-e$, generándose una carga repulsiva $-e$:

$$-e= \frac{-e^2 X -e}{-e^2} \qquad (72)$$

Interacción entre el electrón levógiro $-e^2$ y el neutrino e por medio del fotón virtual $-e$, generándose una carga atractiva e^2:

$$e^2= \frac{-e^2 X -e}{e} \qquad (73)$$

La ecuación (73) está explicando la razón por la cual el electrón, según los experimentos, suele estar acompañado del neutrino, produciéndose el fenómeno conocido como neutrino electrónico.

Interacción entre el electrón levógiro -e² y el neutrón -e por medio del fotón virtual -e, generándose una carga repulsiva -e²:

$$-e^2 = \frac{-e^2 \, X \, -e}{-e} \tag{74}$$

La ecuación (74) está prediciendo un fenómeno verificable experimentalmente: la repulsión entre un electrón y un neutrón debido a sus cargas eléctricas negativas.

Descripción de los acoplamientos débiles

Según la Teoría fundamental de cargas, a bajas energías y a energías relativamente altas, los acoplamientos débiles funcionan a través de 4 partículas mensajeras masivas Y por lo tanto de corto alcance: las partículas w^+, w^- y z, así como el bosón de Higgs. La finalidad es evitar que en el decaimiento de las partículas sean violadas las 2 simetrías exactas de la Naturaleza, las leyes de conservación de la carga y del momento angular, como se podrá observar a continuación.

Desintegración beta negativa o decaimiento del neutrón

Según la Teoría fundamental de cargas, el neutrón, poseedor de una carga magnética positiva D (+1), al decaer, recurre, no a la partícula w^-, sino al bosón de Higgs, que también tiene una carga magnética positiva D (+1), desintegrándose en antineutrino D (+1), electrón levógiro -e² y protón e²:

$$\text{Neutrón decaído} = \frac{\text{Bosón de Higgs D X antineutrino D X electrón levógiro } -e^2}{\text{Protón } e^2}$$

$$= \frac{D \, X \, D \, X \, -e^2}{e^2} = \frac{D \, X \, D \, X \, -e^2}{e^2}$$

$$= D \, X \, D = +1 \, X \, +1 = +1 \, X \text{ la constante } -1 = -1 = -e \tag{75}$$

Spin +1/2 del neutrón decaído =Spin 0 del bosón de Higgs   (76)
+ spin +1/2 del antineutrino + spin +1/2 del electrón
levógiro + spin -1/2 del protón

Según las ecuaciones (75) y (76), el neutrón, al utilizar el bosón de Higgs para decaer en antineutrino, electrón levógiro y protón, respeta las leyes de conservación de la carga y del momento angular, las 2 únicas simetrías exactas de la Naturaleza.

Desintegración beta positiva o decaimiento del protón nuclear

El protón nuclear, poseedor de una carga eléctrica positiva de categoría 2 $e^2(+1)$, utiliza la partícula $w^+ e^2(+1)$ para decaer en positrón dextrógiro $e^2(+1)$, neutrino -D y neutrón D:

$$\text{Protón nuclear decaído} = \frac{w^+ e^2 \text{ X positrón dextrógiro } e^2 \text{ X}}{\text{Neutrón D}} \text{ Neutrino -D}$$

$$= \frac{e^2 \text{ X } e^2 \text{ X -D}}{D} = \frac{e^2 \text{ X } e^2 \text{ X - Đ}}{Đ}$$

$$= e^2 \text{ X } e^2 = +1 \text{ X } +1 = +1 = e^2 \quad (77)$$

Spin -1/2 del protón nuclear decaído =Spin -1 de w^+ + spin   (78)
-1/2 del positrón dextrógiro + spin +1/2 del neutrino + spin
+ 1/2 del neutrón

Cuando dentro del núcleo atómico decaen el protón y el neutrón, el quark u se convierte en el quark d y viceversa. Según la Teoría fundamental de cargas, en esos 2 procesos, a fin de que sean respetadas las leyes de conservación de la carga eléctrica, de la carga magnética y del momento angular, interviene un total de 4 partículas mensajeras: w^+, w^-, z y el bosón de Higgs HB.

Conversión de u en d mediante w⁺ y z

Ley de conservación de la carga eléctrica

$$u(2/3) = w^+(+1) + z(0) + d(-1/3) \tag{79}$$

Ley de conservación de la carga magnética

$$u(-1/3) = w^+(0) + z(-1) + d(2/3) \tag{80}$$

Ley de conservación del momento angular

$$u(\text{spin } -1/2) = w^+(\text{spin } -1) + z(\text{spin } 0) + d(\text{spin } +1/2) \tag{81}$$

Conversión de d en u mediante w⁻ y HB

Ley de conservación de la carga eléctrica

$$d(-1/3) = w^-(-1) + HB(0) + u(2/3) \tag{82}$$

Ley de conservación de la carga magnética

$$d(2/3) = w^-(0) + HB(+1) + u(-1/3) \tag{83}$$

Ley de conservación del momento angular

$$d(\text{spin } +1/2) = w^-(\text{spin } +1) + HB(\text{spin } 0) + u(\text{spin } -1/2) \tag{84}$$

Descripción de los acoplamientos fuertes

Según la Teoría fundamental de cargas, dentro del núcleo atómico, los acoplamientos fuertes funcionan mediante 2 factores:

1.El gluon, que según la ecuación (65) posee una carga eléctrica positiva de categoría 3 e^3, propicia la atracción entre protones e^2 y neutrones -e.

2.Los spines opuestos -1/2 y +1/2 respectivos de los protones y neutrones, que al multiplicarse por el valor 2, arrojan como resultados -1, que significa carga eléctrica negativa de categoría 1 -e, Y +1, que significa carga eléctrica positiva de categoría 1 e. Dichas cargas opuestas provocan que los protones y neutrones se atraigan de manera adicional mediante la partícula mensajera del electromagnetismo, el fotón virtual.

Cálculos de acoplamientos fuertes dentro del núcleo atómico

Primera fase
Los protones e^2 y neutrones -e se atraen mutuamente mediante gluones e^3:

$$\frac{e^2 \, X \, e^3}{-e} = -e^4 \tag{85}$$

Segunda fase
Los protones e^2 se repelen mutuamente a través de fotones virtuales -e:

$$\frac{e^2 \, X \, -e}{e^2} = -e \tag{86}$$

Tercera fase
Los neutrones -e se rechazan mutuamente por medio de fotones virtuales -e:

$$\frac{-e \, X \, -e}{-e} = -e \tag{87}$$

Cuarta fase
Los resultados de las ecuaciones (86) y (87) se multiplican:

$$-e \, X \, -e = e^2 \tag{88}$$

Quinta fase
Se divide el resultado de la ecuación (85) entre el de la ecuación (88):

$$\frac{-e^4}{e^2} = -e^2 \tag{89}$$

Sexta fase
Los protones y neutrones, debido a sus respectivos spines -1/2 y +1/2 convertidos en cargas eléctricas opuestas de categoría 1 -e y e, se atraen adicionalmente mediante fotones virtuales -e:

$$\frac{e \text{ X } -e}{-e} = e \tag{90}$$

Séptima fase
Se multiplica el resultado de la ecuación (89) por el de la ecuación (90):

$$-e^2 \text{ X } e = -e^3 \tag{91}$$

El resultado de la ecuación (91) implica que el núcleo atómico se mantiene cohesionado gracias a una carga eléctrica negativa de categoría 3.

Cálculos de acoplamientos fuertes dentro del protón (uud)

Primera fase
El producto de los spines -1/2 de uu convertidos en -e y -e se divide entre el spin +1/2 de d convertido en e:

$$\frac{-e \text{ X } -e}{e} = e \tag{92}$$

Segunda fase
El resultado de la ecuación (92) se multiplica por la carga e^3 de los gluones:

$$e \times e^3 = e^4 \tag{93}$$

El resultado de la ecuación (93) implica que el protón se mantiene cohesionado gracias a una carga eléctrica positiva de categoría 4.

Cálculos de acoplamientos fuertes dentro del neutrón (udd)

Primera fase
El producto de los spines +1/2 de dd convertidos en e y e se divide entre el spin -1/2 de u convertido en -e:

$$\frac{e \times e}{-e} = -e \tag{94}$$

Segunda fase
El resultado de la ecuación (94) se multiplica por la carga e^3 de los gluones:

$$-e \times e^3 = -e^4 \tag{95}$$

El resultado de la ecuación (95) implica que el neutrón se mantiene cohesionado gracias a una carga eléctrica negativa de categoría 4.

Cabe subrayar que cuando la partícula se mantiene cohesionada gracias a una carga eléctrica negativa (ecuaciones (91) y (95)), la misma es inestable, pero si es gracias a una carga eléctrica positiva (ecuación (93)), ella es estable.

El confinamiento de los quarks y gluones

En base a los cálculos de acoplamientos fuertes que vienen de realizarse, es posible explicar con coherencia por qué los quarks y gluones están confinados.

Confinamiento dentro del núcleo atómico

La carga eléctrica negativa de categoría 3, que según la ecuación (91) mantiene cohesionado el núcleo atómico, impide que los gluones y protones, cuyas cargas eléctricas son positivas, escapen, confinándolos dentro de dicho núcleo, pero propicia que los neutrones, cuya carga eléctrica es negativa, salgan eventualmente en libertad.

Confinamiento dentro del protón uud

La carga eléctrica positiva de categoría 4, que según la ecuación (93) mantiene cohesionado el protón, impide que uu, cuyos spines -1/2 se convierten en cargas eléctricas negativas de categoría 1, escapen. A su vez, uu retiene tanto a d, cuyo spin +1/2 se convierte en una carga eléctrica positiva de categoría 1, como a los gluones.

Confinamiento dentro del neutrón udd

La carga eléctrica negativa de categoría 4, que según la ecuación (95) mantiene cohesionado el neutrón, impide que dd y los gluones escapen. A su vez, estos retienen a u.

CUARTO CAPÍTULO
Las 2 simetrías externas

Descripción de la gravedad cuántica

Según la Teoría fundamental de cargas, la gravedad cuántica es la atracción entre 2 masas positivas a través de una energía negativa cuantizada por el gravitón, generándose, más que un campo gravitatorio, una energía gravitacional negativa.

Masa positiva

El átomo, el componente básico de todo objeto, posee, según la próxima ecuación, una carga eléctrica positiva de categoría 1. Por lo tanto, todo objeto, desde una estrella hasta un grano de arena, tiene una masa positiva.

$$\text{Átomo} = \frac{\dfrac{\text{Electrón levógiro } -e^2}{\text{Protón } e^2}}{\text{Neutrón } -e}$$

$$= \frac{\dfrac{-e^2}{e^2}}{-e}$$

$$= \frac{-e^2 \times -e}{e^2} = e \tag{96}$$

Para calcular en base a la ecuación (96) el spin del átomo, hay que tener presente un fenómeno llamado dualidad carga-partícula, en virtud del cual el protón, a nivel nuclear, es una partícula de spin $-1/2$, pero, a nivel atómico, se comporta como una simple carga eléctrica positiva de categoría 2 desprovista de spin.

Spin +1 del átomo=Spin +1/2 del electrón levógiro + spin   (97)
0 del protón atómico + spin + 1/2 del neutrón

Cabe subrayar que el spin +1 del átomo es heredado por todo objeto constituido de átomos, lo cual, como veremos más adelante, nos permitirá explicar con coherencia por qué el espacio tiempo posee 4 dimensiones.

Energía negativa

Según la ecuación (67), el gravitón, generado desde las fluctuaciones cuánticas del vacío por 2 pares virtuales de partícula-antipartícula cuyos spines suman +2, posee una carga eléctrica negativa de categoría 1, que, acorde a la ecuación (1), es equivalente a una carga magnética, lo que implica que la energía que mantiene cuantizada es negativa e igual a la masa del monopolo magnético, que es aproximadamente 10^{14} Gev.

El factor distancia

La distancia entre 2 objetos que se atraen por medio de la gravedad cuántica no se eleva al cuadrado debido a la presencia del gravitón.

Energía gravitacional negativa

La atracción gravitacional entre 2 masas positivas a través de una energía negativa genera, no un campo gravitatorio, sino una energía gravitacional negativa.

La ley de la gravedad cuántica

En base a los planteamientos anteriores, es enunciada la ley de la gravedad cuántica: la energía gravitacional negativa $-E_G$ que atrae 2 objetos es directamente proporcional a sus masas positivas M_1, M_2 e inversamente proporcional tanto a la energía negativa -e de los gravitones que median entre dichos objetos como a la distancia R que los separa.

$$-E_G = \frac{M_1 \times M_2}{-e \times R} \tag{98}$$

Spin +1 de M_1 + spin +1 de M_2 + spin +2 de -e(gravitón)   (99)
=Spin +4

El spin +4 de la ecuación (99) determina que el espacio tiempo, que junto a la gravitación son 2 manifestaciones distintas de un mismo fenómeno, tenga precisamente 4 dimensiones.

Por su parte, la ecuación (98) puede ser utilizada para calcular los efectos gravitacionales a pequeñas y grandes escalas, desde la caída de una manzana al suelo o la atracción entre el Sol y cada uno de sus planetas hasta la precesión en el perihelio de Mercurio o la interacción entre 2 galaxias.

Descripción de la super fuerza

Según la ecuación (9), el electromagnetismo, al unificarse con los acoplamientos fuertes, genera la super fuerza, cuya partícula mensajera, el inflaton, posee, según la ecuación (69), una carga eléctrica positiva de categoría 3 e^3, la cual, dentro del núcleo solar, por ejemplo, repele violentamente las masas positivas e para producir energía positiva e^4 en forma de luz ultravioleta:

$$e^4 = e \times e^3 \tag{100}$$

El fenómeno descrito por la ecuación (100) demuestra que en este Universo de bajas energías la super fuerza sigue teniendo plena vigencia.

Efecto fotoeléctrico

El fenómeno llamado efecto fotoeléctrico puede ser explicado en base a la Teoría fundamental de cargas:

La luz ultravioleta e^4 atrae, a través de fotones virtuales -e, los electrones-e^2 de un metal cargado, convirtiéndolo en un objeto dotado de una carga eléctrica positiva de categoría 1 e.

$$e = \frac{e^4}{-e^2 \, X \, -e} \tag{101}$$

La masa infinitamente densa

Como se sabe, existen 5 grupos excepcionales de Lie: G2, F4, E6, E7 y E8. En el primer capítulo, vimos que los 3 primeros representan el neutrino, el electrón dextrógiro y el positrón dextrógiro respectivamente. Pues, bien, según la Teoría fundamental de cargas, los otros 2 constituyen sendas cargas eléctricas de categoría 2: E7, negativa, y E8, positiva.

Siempre teniendo como marco un punto infinitamente denso, las fluctuaciones cuánticas del vacío SU(6), que según la ecuación (10), poseen una carga eléctrica positiva de categoría 3 e3, se unifican con una carga eléctrica negativa de categoría 2 E7 -e2 y generan la masa infinitamente densa SU(8):

$$SU(8) = \frac{SU(6)}{E7} = \frac{e^3}{-e^2} = -e \tag{102}$$

Dentro de un objeto de altas energías, como un agujero negro, por ejemplo, la masa infinitamente densa -e es atraída violentamente por el inflaton e^3 para crear energía negativa -e^4 en forma de rayos X:

$$-e^4 = -e \, X \, e^3 \tag{103}$$

Mientras la luz ultravioleta, debido a su carga eléctrica positiva de categoría 4, es capaz de lacerar la piel, que como el átomo posee una carga eléctrica positiva de categoría 1, los rayos X, dotados de una carga eléctrica negativa de categoría 4, son absorbidos por ella para generar placas radiográficas, lo que constituye un sólido respaldo experimental a favor de los diversos planteamientos.

Hasta ahora han sido descritas 5 interacciones fundamentales: el electromagnetismo, los acoplamientos débiles, los acoplamientos fuertes, la gravedad cuántica y la super fuerza, que funcionan a través de partículas mensajeras cuyas cargas eléctricas son de categoría 1, 2 o 3. En el próximo capítulo, serán explicadas otras 2 interacciones fundamentales: la constante velocidad de la luz y la constante cosmológica, las cuales utilizan, en vez de partículas mensajeras, cargas mensajeras para generar rayos gamma y el espacio tiempo en expansión respectivamente.

QUINTO CAPÍTULO
El magno evento

A lo largo de esta obra, dentro de un punto infinitamente denso y por ende a altas energías, se han venido generando algunos de los siguientes componentes del huevo cósmico, a partir del cual se produjo el magno evento llamado Big Bang: la gravedad cuántica SU(4), la super fuerza SU(5), las fluctuaciones cuánticas del vacío SU(6) y la masa infinitamente densa SU(8). Faltan, para completar el cuadro, otras 3 entidades fundamentales: el espacio de 10 dimensiones SU(10), el espacio tiempo de 11 dimensiones SU(11) y la constante velocidad de la luz SU(12).

El espacio de 10 dimensiones SU(10)

La unificación entre la masa infinitamente densa SU(8) -e y una carga eléctrica positiva de categoría 2 E8 e^2 produce el espacio de 10 dimensiones SU(10):

$$SU(10)=SU(8) \times E8=-e \times e^2=-e^3 \tag{104}$$

El espacio tiempo de 11 dimensiones SU(11)

La interacción entre el espacio de 10 dimensiones SU(10) -e^3 y una carga magnética positiva SU(3) o una carga eléctrica negativa de categoría 1 -e da lugar al espacio tiempo de 11 dimensiones SU(11):

$$SU(11)=SU(10) \times SU(3)=-e^3 \times -e=e^4 \tag{105}$$

45

La constante velocidad de la luz SU(12)

La interacción entre el espacio tiempo de 11 dimensiones SU(11) e^4 y una carga magnética negativa G2 o una carga eléctrica positiva de categoría 1 e engendra la constante velocidad de la luz SU(12):

$$SU(12) = \frac{SU(11)}{G2} = \frac{e^4}{e} = e^3 \tag{106}$$

Dentro del núcleo solar, por ejemplo, la constante velocidad de la luz, en su condición de sexta interacción fundamental de la nueva Física, recurre a su carga eléctrica positiva de categoría 3 e^3 como factor mediador para repeler violentamente masas positivas e, generando energía positiva e^4 en forma de rayos gamma:

$$e^4 = e^3 \times e \tag{107}$$

Los 7 protagonistas del Big Bang y sus números cuánticos	Carga eléctrica	Spin	Simetría de Lie asociada
Gravitón (gravedad cuántica)	-e	+2	SU(4)
Inflaton (super fuerza)	e^3	0	SU(5)
Fluctuaciones cuánticas del vacío	e^3	+1	SU(6)
Masa infinitamente densa	-e	+1	SU(8)
Espacio de 10 dimensiones	$-e^3$	0	SU(10)
Espacio tiempo de 11 dimensiones	e^4	0	SU(11)
Constante velocidad de la luz	e^3	0	SU(12)

El Big Bang

Al disponer de los 7 componentes del huevo cósmico, es posible explicar con coherencia los pormenores del Big Bang que dio origen al Universo actual. Ese magno evento consta de 7 etapas:

Primera etapa

Dentro del marco del espacio tiempo de 11 dimensiones SU(11), la masa infinitamente densa SU(8) -e es violentamente atraída por el inflaton (super fuerza) SU(5) e^3, generando rayos X primarios SU(13):

$$SU(13)=SU(8) \times SU(5)= -e \times e^3 =-e^4 \qquad (108)$$

$$\text{Spin} +1 \text{ de los rayos X primarios} = \text{Spin} +1 \text{ de la masa} \qquad (109)$$
infinitamente densa + spin 0 del inflaton

Esos rayos X primarios, al viajar a velocidades superiores a la de la luz en el marco del espacio tiempo de 11 dimensiones, propician un Universo inflacionario.

Segunda etapa

Al desintegrarse la masa infinitamente densa, su contenido, los 6 leptones fundamentales, entra en escena: se convierten en energía pura tanto el par positrón levógiro-electrón dextrógiro como el par electrón levógiro-positrón dextrógiro debido a sus cargas y spines opuestos. Sin embargo, no ocurre lo mismo con el par restante antineutrino-neutrino porque, aunque ambos tienen cargas opuestas, sus spines son iguales (+1/2). Por el contrario, pasan a constituir una masa dotada de una carga eléctrica positiva de categoría 1, según la siguiente ecuación:

Antineutrino SU(3)
  X neutrino G2=Carga magnética positiva D X
      Carga magnética negativa -D
      =D X -D=+1 X -1=-1 X la constante
      -1=+1=e   (110)

Spin +1/2 del antineutrino + spin +1/2 del neutrino= Spin   (111)
+1 de la masa positiva

Dentro del marco del espacio de 10 dimensiones SU(10), la masa positiva e, constituida por antineutrinos SU(3) y neutrinos G2, es violentamente repelida por la constante velocidad de la luz SU(12) e^3, produciendo rayos gamma primarios SU(14):

$$SU(14)=SU(12) \text{ X } (SU(3) \text{ X } G2)=e^3 \text{ X } e=e^4 \qquad (112)$$

Spin +1 de los rayos gamma primarios =Spin 0 de   (113)
la constante velocidad de la luz + spin +1 de la masa
positiva

Esos rayos gamma primarios, al viajar a velocidades superiores a la de la luz en el marco del espacio de 10 dimensiones, retroalimentan el Universo inflacionario.

Tercera etapa
Los rayos X primarios SU(13) -e^4 interactúan con el inflaton SU(5) e^3, dando lugar a la materia oscura o antimateria primaria SU(16):

$$SU(16) = \frac{SU(13)}{SU(5)} = \frac{-e^4}{e^3} = -e \qquad (114)$$

Spin +1 de la materia oscura =Spin +1 de los rayos X   (115)
primarios + spin 0 del inflaton

Cuarta etapa
Los rayos gamma primarios SU(14) e^4 interactúan con la constante velocidad de la luz SU(12) e^3, generando la materia positiva o materia observable SU(17):

$$SU(17) = \frac{SU(14)}{SU(12)} = \frac{e^4}{e^3} = e \qquad (116)$$

Spin +1 de la materia positiva =Spin +1 de los rayos gamma (117)
primarios + spin 0 de la constante velocidad de la luz

La aparición de la materia oscura y de la materia positiva
marca el fin del Universo inflacionario.

Quinta etapa
La materia oscura SU(16) -e y la materia positiva SU(17)
e se atraen mutuamente por medio del gravitón SU(4) -e,
para formar el espacio tiempo de 4 dimensiones en reposo
SU(18):

$$\frac{SU(18) = SU(16) \times SU(17)}{SU(4)} = \frac{-e \times e}{-e} = e \tag{118}$$

Obsérvese que, a nivel más fundamental, el gravitón, en vez
de una energía negativa, utiliza una carga eléctrica negativa
de categoría 1 para realizar su función mediadora.

4 dimensiones del espacio tiempo= Spin +1 de la materia   (119)
oscura + spin +1 de la materia positiva + spin +2 del
gravitón

El espacio tiempo de 4 dimensiones viene a sustituir el espacio tiempo de 11 dimensiones y el espacio de 10 dimensiones del Universo temprano, pasando a ser el nuevo marco
de los eventos.

Sexta etapa
Por un lado, la materia oscura SU(16) -e es atraída por el
inflaton SU(5) e^3 y por otro, ocurre lo mismo entre la materia positiva SU(17) e y el gravitón SU(4) -e, originándose la
constante cosmológica SU(21):

$$SU(21) = \frac{SU(16) \times SU(5)}{SU(17) \times SU(4)} = \frac{-e \times e^3}{e \times -e} = e^2 \tag{120}$$

La constante cosmológica representa la séptima interacción fundamental de la nueva Física y, al igual que la constante velocidad de la luz, es mediada, no por una partícula mensajera, sino por una carga mensajera.

Séptima etapa
La constante cosmológica SU(21) e^2 impulsa el espacio tiempo de 4 dimensiones en reposo SU(18) e, creando el espacio tiempo de 4 dimensiones en expansión SU(22):

$$SU(22)=SU(21) \times SU(18)=e^2 \times e=e^3 \qquad (121)$$

Con el surgimiento del espacio tiempo de 4 dimensiones en expansión, se completa el Big Bang.

Las 7 consecuencias experimentales del Big Bang y sus números cuánticos	Carga eléctrica	Spin	Simetría de Lie asociada
Rayos X primarios	$-e^4$	+1	SU(13)
Rayos gamma primarios	e^4	+1	SU(14)
Materia oscura o antimateria primaria	$-e$	+1	SU(16)
Materia positiva o materia observable	e	+1	SU(17)
Espacio tiempo de 4 dimensiones en reposo	e	+4=4 dimensiones	SU(18)
Constante cosmológica	e^2	0	SU(21)
Espacio tiempo de 4 dimensiones en expansión	e^3	+4=4 dimensiones	SU(22)

El espectro electromagnético

Según las ecuaciones (100), (103) y (107), los fotones de altas energías, la luz ultravioleta, los rayos X y los rayos gamma, poseen respectivamente cargas e^4, $-e^4$ Y e^4. Según la Teoría fundamental de cargas, a partir de ellos son generados los restantes componentes del espectro electromagnético.

$$\text{Luz visible} = \frac{\text{Luz ultravioleta } e^4}{\text{Inflaton } e^3} = \frac{e^4}{e^3} = e \qquad (122)$$

$$\text{Radio} = \frac{\text{Rayos gamma } e^4}{C\, e^3} = \frac{e^4}{e^3} = e \qquad (123)$$

donde C es la constante velocidad de la luz

$$\text{Luz infrarroja} = \frac{\text{Rayos X } -e^4}{\text{Inflaton } e^3} = \frac{-e^4}{e^3} = -e \qquad (124)$$

Según la ecuación (114), la materia oscura posee una carga eléctrica negativa de categoría 1. En consecuencia, a diferencia de la materia positiva (galaxias, estrellas y planetas), que al reflejar la luz visible permite ser observada visualmente, ella absorbe dicha luz, volviéndose invisible. Sin embargo, gracias a la luz infrarroja, va a ser posible detectarla. Debido a sus cargas eléctricas idénticas, la materia oscura tiende a reflejar la luz en cuestión, que, al ser captada por equipos especiales, puede revelar la presencia de esa esquiva entidad, lo que representaría un sólido respaldo experimental para la Teoría fundamental de cargas.

Los 6 componentes del espectro electromagnético y sus números cuánticos	Carga eléctrica	Spin
Luz ultravioleta	e^4	+1
Rayos X	$-e^4$	+1
Rayos gamma	e^4	+1
Luz visible	e	+1
Luz infrarroja	$-e$	+1
Radio	e	+1

Descripción del átomo de hidrógeno

El átomo de hidrogeno (la materia más abundante del Universo) posee como núcleo un protón orbitado por un electrón levógiro, que, según la ecuación (15), está compuesto por un neutrino dotado de una carga magnética negativa -D en presencia de una carga eléctrica negativa de categoría 2 $-e^2$ y de una carga magnética positiva D. Por lo tanto, es sugerida la siguiente fórmula para describir el átomo de hidrogeno H:

$$H = \frac{(-D \times D)(-e^2)}{e^2} = \frac{(-D \times D)(-e^2)}{e^2} = (-D \times D)$$
$$= -1 \times +1 = -1 \times \text{la constante } -1 = +1 = e \qquad (125)$$

En la ecuación (125), la carga eléctrica negativa de categoría 2 $-e^2$ del electrón levógiro, al neutralizarse con la carga opuesta e^2 del protón, posibilita que las 2 cargas magnéticas opuestas -D y D dejen de neutralizarse y pasen a multiplicarse, arrojando como resultado una carga eléctrica positiva de categoría 1 e. Durante el proceso, la carga magnética positiva D, en virtud de la dualidad carga-partícula, se convierte en un antineutrino.

Spin +1 de H=Spin +1/2 del neutrino + spin +1/2 del antineutrino + spin 0 del protón atómico $\qquad (126)$

Recuerde el lector que, siempre en base a la dualidad carga-partícula, el protón, a nivel nuclear, es una partícula de spin -1/2, pero, a nivel atómico, se comporta como una simple carga desprovista de spin.

La dualidad carga-partícula, propuesta por la Teoría fundamental de cargas, cuenta con el siguiente respaldo experimental: en el laboratorio se suele observar con asombro que un neutrino de pronto se transforma en un antineutrino y viceversa. Lo que sucede es que el neutrino, debido a su carga magnética negativa, siempre está acompañado de una carga magnética positiva, la cual, en virtud de la dualidad carga-partícula, tiende a convertirse en un antineutrino mientras el neutrino se transforma en una simple carga magnética negativa. Por supuesto, ese proceso es reversible.

SEXTO CAPÍTULO
El Big Crunch

Cuando lanzamos una piedra al aire, ella, al llegar hasta cierta altura, describe una parábola, precipitándose al suelo. Según la Teoría fundamental de cargas, el proyectil, cuya masa es positiva, es atraído por la Tierra, cuya masa también es positiva, a través de una energía negativa cuantizada por gravitones generados de manera virtual por las fluctuaciones cuánticas del vacío. Al generalizar semejante concepción, podemos inferir que el espacio tiempo de 4 dimensiones en expansión SU(22), cuya carga eléctrica es positiva de categoría 3 e^3, representa un proyectil lanzado desde el espacio tiempo de 4 dimensiones en reposo SU(18), cuya carga eléctrica es positiva de categoría 1 e. Ambos terminarán atrayéndose por medio de la carga eléctrica negativa -e de los gravitones SU(4), engendrando el espacio tiempo de 4 dimensiones en contracción SU(24), fenómeno conocido como Big Crunch:

$$SU(24) = \frac{SU(22) \times SU(18)}{SU(4)} = \frac{e^3 \times e}{-e} = -e^3 \qquad (127)$$

Seguidamente, el espacio tiempo de 4 dimensiones en contracción SU(24) -e^3 será atraído por la constante cosmológica SU(21) e^2 para dar lugar a un punto infinitamente denso SU(26):

$$SU(26) = \frac{SU(24)}{SU(21)} = \frac{-e^3}{e^2} = -e \qquad (128)$$

Decaimiento de los 3 componentes atómicos a altas energías

Dentro del punto infinitamente denso de la ecuación (128), decaerán los 3 componentes atómicos, el electrón levógiro, el protón atómico y el neutrón, a través de la quinta partícula mensajera de los acoplamientos débiles, el bosón de Goldstone, que según las ecuaciones (63) y (64), posee una carga eléctrica positiva de categoría 2 e^2, spin 0 y masa 0. Esta última propiedad determina que su alcance sea infinito.

Decaimiento del electrón levógiro a altas energías

El electrón levógiro, mediante el bosón de Goldstone e^2, decae en una carga eléctrica negativa de categoría 2 $-e^2$, un neutrino - D y una carga magnética positiva D:

$$\text{Electrón levógiro decaído} = \frac{e^2 \text{ X } -e^2 \text{ X } -D}{D} = \frac{e^2 \text{ X } -e^2 \text{ X } -D}{D}$$

$$= e^2 \text{ X } -e^2 = +1 \text{ X } -1 = -1 = -e^2 \qquad (129)$$

Spin+1/2 del electrón levógiro=Spin 0 del bosón de $\qquad$ (130)
Goldstone + spin+1/2del neutrino

Decaimiento del protón atómico a altas energías

El protón atómico, mediante el bosón de Goldstone e^2, decae en un electrón levógiro $-e^2$ y un electrón dextrógiro $-e^2$:

Protón atómico decaído=e^2 X $-e^2$ X $-e^2$=+1 X -1 X -1=+1=e^2 (131)

Spin 0 del protón atómico=Spin 0 del bosón de Goldstone (132)
+ spin+1/2 del electrón levógiro + spin-1/2 del electrón dextrógiro

Decaimiento del neutrón a altas energías:

El neutrón, mediante el bosón de Goldstone e^2, decae en un positrón levógiro e^2, un positrón dextrógiro e^2 y un antineutrino D:

$$\text{Neutrón decaído} = \frac{e^2 \times e^2 \times e^2}{D} = \frac{+1 \times +1 +1}{+1}$$

$$= \frac{+1}{+1 \times \text{la constante-1}} = \frac{+1}{-1} = \frac{e^2}{-e}$$

$$= -e \tag{133}$$

Spin+1/2 del neutrón=Spin 0 del bosón de Goldstone +   (134)
spin+1/2 del positrón levógiro + spin-1/2 del positrón
dextrógiro + spin+1/2 del antineutrino

Según las ecuaciones (129), (131) y (133), los 3 componentes atómicos, al decaer a las altas energías correspondientes al Big Crunch, darán lugar a los 6 leptones fundamentales: el neutrino, el electrón levógiro, el electrón dextrógiro, el positrón levógiro, el positrón dextrógiro y el antineutrino, que constituyen los componentes básicos a partir de los cuales iniciará el Universo un nuevo ciclo.

Los agujeros negros

Dentro de todo agujero negro, cuyas energías son tan altas como las del Big Crunch, se producen procesos análogos a los descritos por las fórmulas (129), (131) y (133), resultando que allí los 3 componentes atómicos, mediante el bosón de Goldstone, decaen en los 6 leptones fundamentales, una carga eléctrica negativa de categoría 2 y una carga magnética positiva, que, según la siguiente ecuación, constituyen una masa infinitamente densa M⁻:

M^-= Electrón levógiro decaído $\dfrac{(e^2 X - e^2 X - D}{D)}$

$$\dfrac{\text{protón atómico decaído } (e^2 X - e^2 X - e^2)}{\dfrac{\text{Neutrón decaído } (e^2 X \, e^2 X \, e^2}{D)}}$$

$$= \dfrac{\dfrac{e^2 X - e^2 X - D}{D} \ X \ \dfrac{e^2 X \, e^2 X \, e^2}{D}}{e^2 X - e^2 X - e^2}$$

$$= \dfrac{\dfrac{e^2 X - e^2 X - \cancel{D}}{\cancel{D}} \ X \ \dfrac{e^2 X \, e^2 X \, e^2}{D}}{e^2 X - e^2 X - e^2}$$

$$= \dfrac{e^2 X \, e^2}{D} = \dfrac{+1 \ X + 1}{+1} = \dfrac{+1}{+1 \ X \text{ la constante } -1} = \dfrac{+1}{-1}$$

$$= \dfrac{e^2}{-e} = -e \tag{135}$$

Spin $+1$ de M^-=Spin 0 del bosón de Goldstone + spin $\qquad$ (136)
$+1/2$ del neutrino + spin $+1/2$ del electrón levógiro +
spin $-1/2$ del electrón dextrógiro + spin $+1/2$ del positrón
levógiro + spin $-1/2$ del positrón dextrógiro + spin $+1/2$ del
antineutrino

Según las ecuaciones (135) y (136), el átomo, cuya carga eléctrica es positiva de categoría 1 y cuyo spin es $+1$, al desintegrarse a altas energías y convertirse en una masa infinitamente densa, que constituye la quinta fase de la materia, conserva su spin, pero invierte el signo de su carga eléctrica.

Dentro del agujero negro, la masa infinitamente densa $-e$ es violentamente atraída por el inflaton e^3 para generar rayos X $-e^4$:

$$-e^4 = -e \times e^3 \qquad (137)$$

Los rayos X, debido a su carga eléctrica negativa, tienden a ser repelidos por la masa infinitamente densa del agujero negro, originándose el fenómeno conocido como las radiaciones de Hawking. Por el contrario, la luz ultravioleta, los rayos gamma y la luz visible, cuyas cargas eléctricas son positivas, son atraídos por dicha masa sin poder escapar. En base a estos planteamientos, podemos entender mejor otro fenómeno denominado lente gravitacional de Einstein: mientras el Sol o una galaxia, por tener masa positiva, es capaz de desviar la luz visible de una estrella distante, un agujero negro, debido a su masa negativa, la absorbe, lo cual viene a demostrar que, a nivel fundamental, las interacciones gravitacionales, más que un fenómeno geométrico, constituyen una manifestación electromagnética mediante la cual objetos eléctricamente cargados interactúan a través de gravitones también eléctricamente cargados.

Radiaciones de Hawking

Rayos X $-e^4$ son repelidos por la masa infinitamente densa $-e$ de un agujero negro por medio de gravitones $-e$, generándose una carga gravitacional negativa $-e^4$:

$$-e^4 = \frac{-e^4 \times -e}{-e} \qquad (138)$$

Luz infrarroja $-e$ es repelida por la masa infinitamente densa $-e$ de un agujero negro por medio de gravitones $-e$, generándose una carga gravitacional negativa $-e$:

$$-e = \frac{-e \times -e}{-e} \qquad (139)$$

Lente gravitacional de Einstein

En su trayectoria hacia el observador, la luz visible e de una estrella distante es desviada por el Sol e a través de gravitones -e, generándose una carga gravitacional negativa -e:

$$-e = \frac{e \times e}{-e} \tag{140}$$

La luz solar e es reflejada por la Luna e a través de gravitones -e, generándose una carga gravitacional negativa -e:

$$-e = \frac{e \times e}{-e} \tag{141}$$

Lente gravitacional a la inversa

En su trayectoria hacia el observador, la luz visible e de una estrella distante es absorbida por la masa infinitamente densa -e de un agujero negro por medio de gravitones -e, generándose una carga gravitacional positiva e:

$$e = \frac{e \times -e}{-e} \tag{142}$$

En su trayectoria hacia el observador, rayos X $-e^4$ provenientes de un agujero negro son absorbidos por el Sol e a través de gravitones -e, gencrándose una carga gravitacional positiva e^4:

$$e^4 = \frac{-e^4 \times e}{-e} \tag{143}$$

Soporte experimental

Las observaciones experimentales pueden demostrar que estrellas como el Sol, debido a su carga eléctrica positiva de categoría 1, dejan escapar la luz ultravioleta, los rayos gamma, la luz visible Y la radio que producen en sus núcleos, pero absorben rayos X y luz infrarroja mientras con los agujeros negros ocurre exactamente lo contrario, en concordancia con los planteamientos de la Teoría fundamental de cargas.

SÉPTIMO CAPÍTULO
Las consecuencias experimentales de la nueva teoría

Los planteamientos de la Teoría fundamental de cargas generan serias consecuencias experimentales, como se podrá observar a continuación.

A. Existen 4 categorías de carga eléctrica: el neutrino, debido a su carga eléctrica positiva de categoría 1, suele acompañar al electrón, de carga eléctrica negativa de categoría 2. Por otra parte, dentro del núcleo solar, masas dotadas de una carga eléctrica positiva de categoría 1, son violentamente repelidas por la carga eléctrica positiva de categoría 3 de la constante velocidad de la luz para producir rayos gamma, los cuales, debido a su carga eléctrica positiva de categoría 4, pueden escapar del Sol cuya carga eléctrica es positiva de categoría 1.

B. El monopolo magnético es equivalente a la carga eléctrica de categoría 1: según la ecuación (51), el neutrón posee una carga magnética positiva, que se manifiesta como una carga eléctrica negativa de categoría 1, la cual fue detectada experimentalmente a principios del siglo XX, en plena gestación de la Teoría atómica. Por otra parte, el átomo, debido a su carga magnética negativa que se convierte en una carga eléctrica positiva de categoría 1, puede ser bombardeado en el laboratorio, no por protones, sino por neutrones.

C. Los quarks, además de cargas eléctricas fraccionarias, poseen cargas magnéticas fraccionarias: los 3 componentes del neutrón udd, al tener cargas magnéticas fraccionarias -1/3, 2/3 y 2/3 respectivamente, que suman +1, explican por qué ese barion no es, como se cree, eléctricamente neutro sino poseedor de una carga eléctrica negativa de categoría 1, que a su vez provoca que el átomo no sea eléctricamente neutro sino portador de una carga eléctrica positiva de categoría 1.

D. Existen 7 interacciones fundamentales: las 5 primeras, el electromagnetismo, los acoplamientos débiles, los acoplamientos fuertes, la gravedad cuántica y la super fuerza, funcionan en base a un total de 9 partículas mensajeras mientras las otras 2, la constante velocidad de la luz y la constante cosmológica, operan a través de sendas cargas mensajeras. En efecto, el fotón virtual propicia la atracción entre un protón y un electrón (electromagnetismo); a energías relativamente altas, dentro de un protón, por ejemplo, el sabor u recurre a las partículas w^+ y z para convertirse en d y así generar un neutrón en cuyo interior el sabor d, mediante las partículas w^- y el bosón de Higgs, se transforma en u para crear un protón (acoplamientos débiles); a altas energías, dentro de un agujero negro, por ejemplo, la quinta partícula mensajera de los acoplamientos débiles, el bosón de Goldstone, provoca el decaimiento de los 3 componentes atómicos a fin de generar una masa infinitamente densa; dentro del núcleo atómico, los gluones, gracias a su carga eléctrica positiva de categoría 3, ocasionan que los protones y neutrones se unan (acoplamientos fuertes); las masas positivas del Sol y la Tierra, por medio de la energía negativa de los gravitones, se atraen mutuamente (gravedad cuántica); dentro del núcleo solar, el inflaton, provisto de una carga eléctrica positiva de categoría 3, repele violentamente masas positivas para generar luz ultravioleta (super fuerza); igualmente, dentro del núcleo solar, la constante velocidad de la luz, dotada de una carga eléctrica similar y utilizando el mismo procedimiento, da lugar a rayos gamma; por último, la constante cosmológica, mediante una carga eléctrica positiva de categoría 2, propicia que el espacio tiempo de 4 dimensiones en reposo, cuya carga eléctrica es positiva de categoría 1, genere el espacio tiempo de 4 dimensiones en expansión, lo que causa que las galaxias, tal como descubrió Hubble, se estén alejando unas de otras.

E. Existen 6 leptones fundamentales: pueden ser detectados experimentalmente dentro de las fluctuaciones cuánticas del vacío donde forman 3 pares virtuales de particula-antiparticula, los cuales generan las partículas mensajeras. En efecto, según la Teoría fundamental de cargas, el fotón virtual es producto de la interacción entre uno de dichos pares virtuales: un electrón levógiro y un positrón levógiro, en presencia de 2 cargas magnéticas opuestas; la partícula w⁻, creada virtualmente por un electrón levógiro y un positrón levógiro, en presencia de una carga eléctrica positiva de categoría 2; la partícula w⁺, por un positrón dextrógiro y un electrón dextrógiro, en presencia de una carga eléctrica negativa de categoría 2; la partícula z, por un electrón levógiro y un positrón dextrógiro, en presencia de una carga magnética negativa; el bosón de Higgs, por la unificación virtual de las partículas w⁻, w⁺ y z; el bosón de Goldstone, por la unificación virtual de dichas partículas con el bosón de Higgs ; el gluon, por un electrón levógiro y un antineutrino, en presencia de una carga eléctrica positiva de categoría 2; el gravitón, por un electrón levógiro, un positrón levógiro, un neutrino y un antineutrino; finalmente, el inflaton, por un electrón dextrógiro, un positrón levógiro, un positrón dextrógiro y un antineutrino, recalcando que todos esos datos fueron obtenidos en base a la consistencia matemática y el respeto a las 2 únicas simetrías exactas de la Naturaleza: las leyes de conservación de la carga y del momento angular.

Experimentos sugeridos

A fin de verificar la validez de la Teoría fundamental de cargas, a los laboratorios internacionales les son sugeridos los siguientes experimentos:

A. Se propicia la interacción entre neutrones, electrones y positrones. Predicciones: los neutrones, debido a su carga eléctrica negativa de categoría 1, repelerán los electrones, pero atraerán los positrones.

B. Se observa la quiralidad tanto del protón como del neutrón. Predicciones: el protón, por estar constituido de un triplete de quarks que suman spin -1/2, posee quiralidad derecha; es decir, es dextrógiro (gira a la derecha). Por su parte, el neutrón, compuesto por un triplete de quarks que suman spin +1/2, tiene quiralidad izquierda; es decir, es levógiro (gira a la izquierda).

C. Se utiliza la ecuación (98) para describir las interacciones gravitacionales entre el Sol y cada uno de sus planetas. Predicciones: serán explicadas las orbitas planetarias, inclusive la precesión en el perihelio de Mercurio.

D. Se escudriña el interior del núcleo atómico. Predicciones: será detectada una poderosa carga eléctrica negativa, que según la ecuación (91), mantiene cohesionado el núcleo atómico, impidiendo que escapen partículas eléctricamente positivas como los protones y los gluones, pero permitiendo la eventual salida de otras eléctricamente negativas como los neutrones.

E. Se observa la quiralidad de los 6 leptones fundamentales. Predicciones: el neutrino, el antineutrino, el electrón levógiro Y el positrón levógiro poseen quiralidad izquierda y por lo tanto sus respectivos spines son positivos mientras el electrón dextrógiro y el positrón dextrógiro tienen quiralidad derecha y por lo tanto sus spines son negativos. Asimismo, será ratificada la no existencia de neutrinos y antineutrinos dextrógiros.

F. Se observa la quiralidad de las partículas w⁻ y w⁺. Predicciones: será determinado que w⁻ es levógira y w⁺, dextrógira.

G. En vez de neutrones, se utilizan protones para intentar bombardear átomos. Predicción: semejante operación no será posible debido a que tanto el protón como el átomo son eléctricamente positivos.

H. Se investiga detalladamente el Sol. Predicciones: el astro-rey, por ser eléctricamente positivo como el átomo, atrae y retiene fotones eléctricamente negativos como los rayos X y la luz infrarroja, permitiendo que escapen de su superficie la luz ultravioleta, los rayos gamma, la luz visible y la radio, que son eléctricamente positivos.

I. Se observa el decaimiento del neutrón libre. Predicción: será determinado que en la desintegración beta negativa interviene, no la partícula W⁻, sino el bosón de Higgs dotado el también de una carga eléctrica negativa, aunque de categoría 1.

Entendiendo nuestro entorno

A través de la Teoría fundamental de cargas, es posible lograr una mejor comprensión del mundo que nos rodea, consiguiendo explicaciones acertadas a cuestiones relacionadas con el funcionamiento de la Naturaleza.

¿Por qué caen los objetos al suelo?

Las masas positivas de la Tierra y de cualquier otro objeto se atraen mutuamente por medio de una energía negativa transportada por gravitones, los cuales son generados de manera virtual por las fluctuaciones cuánticas del vacío. Aquella manzana que vio caer Newton tenía una masa positiva que fue interceptada por la energía negativa de los gravitones y lanzada hacia la masa positiva de la Tierra.

¿Por qué vivimos en un espacio tiempo de 4 dimensiones?

Según la ecuación (118), nuestro espacio tiempo de 4 dimensiones es producto de la atracción, a través de gravitones, cuyo spin es +2, entre las 2 mitades del Universo, la materia oscura, cuyo spin es +1, y la materia positiva, cuyo spin es +1. El spin +4 que suman los 3 factores se traduce a nivel macroscópico en las 4 dimensiones del espacio tiempo, lo que implica que el concepto de spin del mundo microscópico se manifiesta en el mundo macroscópico como el de dimensión.

¿Por qué brilla la Luna?

Nuestro satélite natural hereda la carga eléctrica positiva de categoría 1 del átomo. En consecuencia, tiende a reflejar la luz solar, que es eléctricamente positiva. Si la Luna fuera eléctricamente negativa, retendría dicha luz y sería un cuerpo opaco a los ojos del observador, que es lo que ocurre precisamente con la materia oscura y los agujeros negros.

¿Por qué, si el neutrón es eléctricamente negativo, no es oscura una estrella de neutrones, la cual más bien es muy brillante, según las observaciones experimentales?

En realidad, una estrella de neutrones, que es producto del colapso de una estrella de menos de 3 masas solares, no está compuesta únicamente de esos bariones sino además de electrones y protones, los cuales, en arreglo a la ecuación (96), generan una carga eléctrica positiva de categoría 1. Cuando la masa de una estrella colapsada es superior a 3 masas solares, los 3 componentes de sus átomos decaen mediante el bosón de Goldstone, tal como describen las ecuaciones (129), (131) y (133), para convertirse en la masa infinitamente densa de un agujero negro. Los neutrones, por tener spin semi-entero, no pueden ocupar un mismo estado cuántico debido al principio de exclusión de Pauli, razón por la cual una estrella de neutrones no puede seguir contrayéndose. Sin embargo, las masas infinitamente densas, según la ecuación (136), poseen spin entero, lo que les permite ocupar un mismo estado cuántico dentro de un agujero negro.

¿Por qué, mientras los rayos gamma y la luz ultravioleta laceran nuestra piel, los rayos X, que igualmente son fotones de altas energías, penetran por ella sin herirla, generando placas radiográficas?

Nuestra piel, que es eléctricamente positiva, atrae y absorbe los rayos X, que son eléctricamente negativos, pero es violentamente repelida por los rayos gamma y la luz ultravioleta, que son eléctricamente positivos, produciéndose lesiones cutáneas.

¿Por qué no se ha podido observar experimentalmente el monopolo magnético?

La comunidad científica, sin darse cuenta, ya ha observado el monopolo magnético, el cual siempre se manifiesta como una carga eléctrica de categoría 1. Cuando, a principios del siglo XX, en plena gestación de la Teoría atómica, se detectó en la superficie del neutrón una débil carga eléctrica negativa, en el fondo, se estaba observando una carga magnética positiva; cuando en los experimentos un neutrino, debido a su carga eléctrica positiva de categoría 1, es atraído por un electrón, produciéndose el fenómeno conocido como neutrino electrónico, dicha carga no es sino la manifestación de un monopolo magnético.

¿Por qué, según la Teoría fundamental de cargas, los denominados 6 leptones fundamentales constituyen los componentes básicos de la materia?

Dichos leptones, además de combinarse para crearse unos a otros, lo que en el mundo cuántico es factible, generan los quarks, las partículas mensajeras, las 3 simetrías internas (el electromagnetismo, los acoplamientos débiles y los acoplamientos fuertes), así como las fluctuaciones cuánticas del vacío donde precisamente 3 pares virtuales de partícula-antipartícula se crean y se destruyen sin cesar. Por último, evidenciando que en el preciso instante del Big Bang no existió exceso de materia sobre antimateria ni viceversa, los pares virtuales positrón levógiro-electrón dextrógiro, así como positrón dextrógiro-electrón levógiro, debido a sus cargas y spines opuestos, se aniquilaron mutuamente para convertirse en energía pura. Sin embargo, el par virtual neutrino-antineutrino, por tener spines idénticos, aunque cargas opuestas, al aniquilarse mutuamente, se transformaron, no en energía pura, sino en una masa positiva, la precursora de la materia positiva o materia observable.

¿Por qué ahora sí es posible, a la luz de la Teoría fundamental de cargas, hablar con coherencia de un antes del Big Bang?

Las nuevas leyes de la Física, a diferencia de las actuales, aplican para explicar con consistencia matemática y en arreglo a los principios de simetría los acontecimientos previos al Big Bang. En efecto, según las ecuaciones (5-7), en un punto infinitamente denso, 3 pares virtuales de partícula-antipartícula (los 6 leptones fundamentales), mediante la simetría de la carga, originaron las 3 simetrías internas (electromagnetismo, acoplamientos débiles y acoplamientos fuertes) que, a su vez, generaron 7 simetrías externas: la gravedad cuántica SU(4), la super fuerza SU(5), las fluctuaciones cuánticas del vacío SU(6), la masa infinitamente densa SU(8), el espacio de 10 dimensiones SU(10), el espacio tiempo de 11 dimensiones SU(11) y la constante velocidad de la luz Su(12) que, por su parte, al producirse el Big Bang, dieron lugar a otras 7 simetrías externas: los rayos X primarios SU(13), los rayos gamma primarios SU(14), la materia oscura SU(16), la materia observable SU(17), el espacio tiempo de 4 dimensiones en reposo SU(18), la constante cosmológica SU(21) y el espacio tiempo de 4 dimensiones en expansión SU(22). Todas las simetrías anteriores poseen un punto en común: el factor carga, que les permite ser atraídas o repelidas para transformar o ser transformadas.

Comentarios finales

La Naturaleza es un libro abierto cuyos códigos pueden ser descifrados a través de una clave única. La Física actual está nadando contra la corriente al tratar de explicar en base a diferentes conceptos las interacciones fundamentales, las cuales no son sino manifestaciones distintas de un mismo fenómeno. Se recurre a la noción de campo para describir el electromagnetismo, a la de ruptura espontanea de simetría en el caso de los acoplamientos débiles, a la de color en cuanto a los acoplamientos fuertes, y a la de curvatura espaciotemporal en lo tocante a la gravedad. En consecuencia, surgen problemas tales como los cálculos de acoplamientos fuertes, la cuantización de la gravedad y la unificación de las 4 interacciones fundamentales en una super fuerza.

La Teoría fundamental de cargas, ciñéndose a los dictámenes de la Naturaleza, interpreta sus códigos mediante un concepto único, que viene siendo el de carga. Así, las partículas mensajeras del electromagnetismo, acoplamientos débiles, acoplamientos fuertes y gravedad cuántica poseen un común denominador: una carga eléctrica, que puede ser de categoría 1, 2 o 3. Semejante enfoque no solamente posibilita la explicación de manera coherente de esas 4 fuerzas fundamentales sino también nos brinda una mejor perspectiva, permitiéndonos determinar la existencia de otras 3: la super fuerza, cuya partícula mensajera, el inflaton, transforma dentro del núcleo solar las masas positivas en luz ultravioleta; la constante velocidad de la luz, cuya carga mensajera genera dentro de dicho núcleo rayos gamma; y la constante cosmológica, cuya carga mensajera impulsa el espacio tiempo de 4 dimensiones para producir un Universo en expansión.

La Teoría fundamental de cargas, además de abrir un fértil campo de trabajo para los físicos experimentales que tendrán la misión de poner a prueba sus predicciones, coloca en manos de los físicos teóricos nuevas herramientas, pero sobre todo los reconcilia con la verdadera esencia de la Naturaleza: una noción única para interpretar las manifestaciones distintas de un mismo fenómeno.

BIBLIOGRAFÍA

BARROW, John; *Theories of Everything*, Clarendon Press, Oxford, 1991.

BARROW, John; *The Origin of the Universe*. Phoenix, Orion Books, London, 1994.

BARROW, John and SILK, Joseph; *The Left Hand of Creation*, Oxford University Press, 1994.

BOHNER, Gerhard; *The Early Universe*, Springer Verlag, 1988.

DAVIES, Paul; *God and The New Physics*, Penguin Books, England, 1990.

DAVIES, Paul; *The Mind of God*, Simon and Schuster, 1992.

GELL-MANN; *The Quark and The Jaguar*, W. H. Freeman and Company, New York, 1994.

GUTH, Alan; *The inflationary Universe*, Addison-Wesley, Helix Books, 1997.

HAWKING, Stephen; *A Brief History of Time*, Bantam Books, New York, 1988.

LOZANO LEYVA, Manuel; *El Cosmos en la Palma de la Mano*, Random House Mondadori, S.A, 2002.

WEINBERG, Steven; *Los Tres Primeros Minutos del Universo*, Alianza Editorial, 1978.

www.ingramcontent.com/pod-product-compliance
Lightning Source LLC
Chambersburg PA
CBHW061516180526
45171CB00001B/210